“十一五”国家重点图书出版规划项目

数学文化小丛书

李大潜　主编

笛卡儿之梦

Descartes zhi Meng

李文林

高等教育出版社·北京
HIGHER EDUCATION PRESS　BEIJING

图书在版编目（CIP）数据

数学文化小丛书．第2辑：全10册／李大潜主编．-- 北京：高等教育出版社，2013. 9(2024.7重印)
ISBN 978-7-04-033520-0

Ⅰ．①数… Ⅱ．①李… Ⅲ．①数学－普及读物 Ⅳ．① O1-49

中国版本图书馆 CIP 数据核字（2013）第 226474 号

项目策划　李艳馥　李　蕊

策划编辑　李　蕊　　责任编辑　张耀明　　封面设计　张　楠
责任绘图　尹文军　　版式设计　王艳红　　责任校对　王效珍
责任印制　存　怡

出版发行	高等教育出版社	咨询电话	400-810-0598
社　　址	北京市西城区德外大街4号	网　　址	http://www.hep.edu.cn
邮政编码	100120		http://www.hep.com.cn
印　　刷	保定市中画美凯印刷有限公司	网上订购	http://www.landraco.com
开　　本	787 mm×960 mm 1/32		http://www.landraco.com.cn
总 印 张	28.125		
本册印张	2.125	版　　次	2013年9月第1版
本册字数	35千字	印　　次	2024年7月第11次印刷
购书热线	010-58581118	定　　价	80.00元

物 料 号　12-2437-41

数学文化小丛书编委会

数学文化小丛书总序

整个数学的发展史是和人类物质文明和精神文明的发展史交融在一起的。数学不仅是一种精确的语言和工具、一门博大精深并应用广泛的科学，而且更是一种先进的文化。它在人类文明的进程中一直起着积极的推动作用，是人类文明的一个重要支柱。

要学好数学，不等于拼命做习题、背公式，而是要着重领会数学的思想方法和精神实质，了解数学在人类文明发展中所起的关键作用，自觉地接受数学文化的熏陶。只有这样，才能从根本上体现素质教育的要求，并为全民族思想文化素质的提高夯实基础。

鉴于目前充分认识到这一点的人还不多，更远未引起各方面足够的重视，很有必要在较大的范围内大力进行宣传、引导工作。本丛书正是在这样的背景下，本着弘扬和普及数学文化的宗旨而编辑出版的。

为了使包括中学生在内的广大读者都能有所收益，本丛书将着力精选那些对人类文明的发展起过重要作用、在深化人类对世界的认识或推动人类对世界的改造方面有某种里程碑意义的主题，由学有专长的学者执笔，抓住主要的线索和本质的内容，由浅入深并简明生动地向读者介绍数学文化的丰富内涵、数学文化史诗中一些重要的篇章以及古今中外一些著名数学家的优秀品质及历史功绩等内容。每个专题篇幅不长，并相对独立，以易于阅读、便于携带且尽可能降低书价为原则，有的专题单独成册，有些专题则联合成册。

希望广大读者能通过阅读这套丛书，走近数学、品味数学和理解数学，充分感受数学文化的魅力和作用，进一步打开视野，启迪心智，在今后的学习与工作中取得更出色的成绩。

李大潜

2005年12月

目　录

一、笛卡儿的梦

大约四百年前，一个冬日的夜晚，德国乌尔姆多瑙河畔的一座军营里、当时正在服兵役的法国青年、日后的解析几何发明人笛卡儿（René Descartes，1596—1650）做了一串奇怪的梦.

梦之一：笛卡儿被一阵狂风吹落到遥远的地方；

梦之二：接着雷电轰鸣，烈火熊熊；

梦之三：狂风烈焰之后，万籁俱寂，在笛卡儿面前呈现出一本书，扉页上写道："我应该走哪条路？"一位陌生人向笛卡儿指点迷津.

笛卡儿从梦中醒来，陷入了沉思.

这就是科学史上有名的笛卡儿之梦. 笛卡儿后来说正是这三个连贯的梦向他提示了"一门奇特的科学"和"一项惊人的发现". 笛卡儿所说的"奇特的科学"和"惊人的发现"究竟是什么呢？他本人从未进一步作过解释. 尽管如此，这三个梦后来成为每本介绍解析几何诞生的著作必提的佳话.

图 1　R. 笛卡儿

单看这几个梦，人们很难将它们跟解析几何的发明联系起来．俗话说："日有所思，夜有所梦．"勤于思考，善于思考，这是一切科学创新的必由之路．笛卡儿出生于法国都伦的拉哈耶，父亲是一个律师．他早年受教于拉福累歇的耶稣会学校．笛卡儿在耶稣会学校读书期间养成了"晨思"的习惯：每天清晨，他都要静静地躺在床上潜心思考一两个时辰．笛卡儿后来终身保持着这种晨思的习惯，可以说是生命不息，思考不止．那么笛卡儿昼思夜想、梦寐以求的究竟是什么呢？

实际上，深入考察笛卡儿的全部论著就会明了，笛卡儿梦寐以求的，是一个远比解析几何更为宏大的目标．众所周知，笛卡儿的《几何学》是他的哲学著作《方法论》的附录．这意味着笛卡儿的解析几何只不过是在他的一般科学方法指导下的一项发现．笛卡儿的科学梦想，在他的一部生前未正式发表的著作《指导思维的法则》（简称《法则》）中有更清楚的说明．笛卡儿在这部著作中首先批判了传统的主要是希腊的研究方法，认为古希腊人的演绎推理只能用来证明已经知道的事物，"却不能帮助我们发现未知的事情"．笛卡儿认为希腊人作出他们的发现"往往是凭机遇"，因此他提出"需要一种发现真理的方法"，也就是一种"普遍的科学"，笛卡儿称之为"通用数学"（mathesis universalis）．"通用数学"作为发现真理的普遍方法，正是笛卡儿《法则》全书的宗旨，也是笛卡儿终身的科学追求．笛卡儿在《法则》中描述了这种通用数学的蓝图，他提出的大胆计划概而言之就是要将一切科学问题转化为求解代数方程的数学问题：

任何问题→数学问题→代数问题→方程求解.

笛卡儿的《几何学》，只不过是他的上述方案在几何领域的具体实施和示范.

翻开《几何学》，笛卡儿开宗明义，在任意选取单位线段（广延单位）的基础上定义了线段的加、减、乘、除、乘方、开方等运算．他以特殊的字母符号（$a, b, c, \cdots$）来表示线段，这样就可以在几何中自由运用算术术语，运用这些算术术语又可以将一切几何问题化为关于一个未知线段的单个代数方程，而《几何学》接下去的主要篇幅就是用来讨论如何给出这些方程的标准作图解法．笛卡儿的作图解法依赖于平面上圆与次数随方程次数而逐次增高的代数曲线的交点（详见本书第三节之“笛卡儿方案”）．正是在这里，出于讨论三次及三次以上方程作图曲线性质的需要，笛卡儿引进了坐标系并借以建立曲线与方程之间的对应．这使他成为解析几何的发明人，但对笛卡儿本人来说，坐标几何在整个方案中扮演的只是重要的工具作用，而他贯串全书的主要目标始终是：将一切几何问题化为代数方程问题，这些代数方程则可以用一种标准的、几乎自动的方法去求解．因此可以说解析几何其实是笛卡儿代数方程求解理论的副产品．事实上，《几何学》中并没有解析几何的独立陈述，人们在其中甚至找不到“坐标”和“解析几何”这两个词．解析几何作为一门独立的数学理论，其发展与完善，是由笛卡儿的后继者们实现的，其中尤其是笛卡儿的挚友、荷兰数学家范斯霍滕，他将笛卡儿《几何学》由法语译成了当时欧洲通行的科学语言拉丁语，并加了许多评注. 这些评注明确地揭示并系统地阐释了笛卡儿《几何学》中蕴含的解析几何思想，在很大程度上使之具备了今天的形式.

我们看到，笛卡儿《几何学》的整个思路与传统的方法大相径庭，在这里表现出笛卡儿向传统和权威挑战的巨大勇气. 笛卡儿在《方法论》一书中尖锐地批判了经院哲学特别是被奉为教条的亚里士多德“三段论”法则，认为三段论法则“只是在交流已经知道的事情时才有用，却不能帮助我们发现未知的事情”. 他认为“古人的几何学”所思考的只限于形相，而近代的代数学则“太受法则和公式的束缚”，因此他主张“采取几何学和代数学中一切最好的东西，互相取长补短”. 这种怀疑传统与权威、大胆思索创新的精神，反映了文艺复兴时期的时代特征. 笛卡儿的哲学名言是:“我思故我在”. 他解释说:“要想追求真理，我们必须在一生中尽可能地把所有的事物都来怀疑一次”，而世界上唯一先需怀疑的是“我在怀疑”，因为“我在怀疑”证明“我在思想”，说明我确实存在，这就是“我思故我在”，它成为笛卡儿唯理主义的一面旗帜. 他虽然在物质与精神的关系上有所颠倒，但主张用怀疑的态度代替盲从和迷信，认为只有依靠理性才能获得真理，在当时不仅打击了经院哲学的教会权威，而且也为笛卡儿自己的科学发现开辟了一条崭新的道路.

简言之，笛卡儿解析几何将欧几里得几何所需要的证明难题的各种智巧抛到一边，代之以代数的或者毋宁说是机械的解题方法步骤. 难怪有人这样说道："解析几何就像是一架庞大的机器，将几何问题输进去，只需摇动曲柄，就可以得到答案." 这种说法虽然未免过于简单，却道破了笛卡儿之梦的天机：寻求一种统一的、机械的发现真理、解决问题的方法，或者用今天的话来说，使人所解决各种科学的和实际的问题的推理过程机械化!

与体力劳动机械化相比，脑力劳动的机械化是远为艰难的探索，然而这种探索同样源远流长，并非仅从笛卡儿开始. 笛卡儿本人曾经说过，他的"通用数学"并不是不可及的目标，而是一门具有悠久历史的、可以古为今用的科学. 因此，笛卡儿之梦——使数学推理乃至更广泛的推理过程机械化，这是人类共同的、古老而伟大的追求!

二、东方神韵——中国古代数学的启示

中国古代数学有着光辉的传统. 与以证明定理为中心的希腊数学相比，中国古代数学则是以求解方程为主线. 从线性联立方程到高次多项式方程，中国古代数学家创造了一系列先进、程式化的算法（中国数学家称之为“术”），他们用这些算法去求解相应类型的代数方程，从而解决导致这些方程的各种各样的问题. 特别，几何问题也是归结为代数方程，然后用程式化的算法来求解. 因此，中国古代数学具有明显的机械化、算法化的特征. 下面通过典型的例子来说明中国古代数学的这种特征.

“方程术”与线性方程组

中国古代最重要的数学经典《九章算术》（约公元前 2 世纪）卷 8 的“方程术”，是解线性联立方程组的算法. 以该卷第 1 题为例：

“今有上禾三秉，中禾二秉，下禾一秉，实三十九斗；上禾二秉，中禾三秉，下禾一秉，实三十四斗；上禾一秉，中禾二秉，下禾三秉，实二十六斗. 问上、中、下禾实一秉各几何？”

题中“禾”为黍米，“秉”指捆，“实”是打下来的粮食. 设上、中、下禾各一秉打出的粮食分别

为 x,y,z（斗），则问题就相当于解一个三元一次方程组：

$$3x+2y+z=39,$$
$$2x+3y+z=34,$$
$$x+2y+3z=26.$$

《九章算术》没有表示未知数的符号，而是用算筹将 x,y,z 的系数和常数项排列成一个（长）方阵：

$$\begin{bmatrix} 1 & 2 & 3 \\ 2 & 3 & 2 \\ 3 & 1 & 1 \\ 26 & 34 & 39 \end{bmatrix}.$$

"方程术"的关键算法叫"遍乘直除"，在本例中演算程序如下：

用右行上禾（x）的系数（3）"遍乘"中行和左行各数，然后从所得结果按行分别"直除"右行，即连续减去右行对应各数，就将中行与左行 x 的系数化为 0. 反复执行这种"遍乘直除"算法，就可以解出方程. 这相当于以下的一系列推导：

$$\begin{bmatrix} 3 & 6 & 3 \\ 6 & 9 & 2 \\ 9 & 3 & 1 \\ 78 & 102 & 39 \end{bmatrix} \to \begin{bmatrix} 0 & 0 & 3 \\ 4 & 5 & 2 \\ 8 & 1 & 1 \\ 39 & 24 & 39 \end{bmatrix} \to$$

$$\begin{bmatrix} 0 & 0 & 3 \\ 20 & 5 & 2 \\ 40 & 1 & 1 \\ 195 & 24 & 39 \end{bmatrix} \to \begin{bmatrix} 0 & 0 & 3 \\ 0 & 5 & 2 \\ 36 & 1 & 1 \\ 99 & 24 & 39 \end{bmatrix} \to$$

$$\begin{bmatrix} 0 & 0 & 3 \\ 0 & 180 & 2 \\ 36 & 0 & 1 \\ 99 & 765 & 39 \end{bmatrix} \to \begin{bmatrix} 0 & 0 & 540 \\ 0 & 180 & 0 \\ 36 & 0 & 0 \\ 99 & 765 & 4995 \end{bmatrix}$$

从最后一个方程解出上禾 $(x) = 9\frac{1}{4}$，中禾 $(y) = 4\frac{1}{4}$，下禾 $(z) = 2\frac{3}{4}$. 很清楚，《九章算术》方程术的“遍乘直除算法”，实质上就是我们今天所使用的解线性方程组的消元法，西方文献中称之为“高斯消去法”.

图 2 《九章算术》方程术

A2. Der Fang-Cheng-Algorithmus

方 *Fang* Chinesisch für Himmelsgegend, Rechteckseite.

程 *Ch'êng* Weg, Muster, Regelung.

方程 *Fang ch'êng* Rechteckiges Muster.

Algorithmus: Sich an das griechische arithmos anlehnende Fehldeutung des Namens Al Chwarismis, 'des aus Chorism stammenden'.

الجبر *Al-dschabr* (Algebra): Arabisch für Einrenkung, Wiederherstellung. Bezieht sich auf das Hinüberschaffen negativer Glieder auf die andere Seite der Gleichung.

Das vorliegende Kapitel ist keine Einführung in morgen- und fernmorgenländische Sprachen. Unser Ziel ist die Übertragung des bekannten Lösungsverfahrens für lineare Gleichungssysteme (1.8) auf Matrizen. Die Methode wird in der 'Mathematik in neun Büchern'[1] — einem Werk, das laut Liu Hui im 2. Jh. v. Chr. von Chinas Kanzler Chang Ts'ang überarbeitet wurde — anhand von 18 Rechenaufgaben praktisch in der heutigen Form erklärt. Sie heisst dort Fang-Cheng-Regel. Wir benennen sie nach diesem ältesten Zeugnis.

Der Einfluss der 'Mathematik in neun Büchern' auf die wissenschaftliche Entwicklung Ostasiens ist enorm. Die Fibel wurde erstmals im Jahre 1084 gedruckt (erster Buchdruck im Abendland 1445!) und seitdem immer wieder neu verlegt. Im Abendland ist sie hingegen auch heute noch wenig bekannt: Das für unsere Bildung später massgebende 'Rechenverfahren der Wiederher- (Al-dschabr!) und Gegenüberstellung' schrieb Al Chwarismi[2], als im Abendland die Urenkel Pipins des Kurzen ihren frommen Kaiser und Vater auf dem Lügenfeld schlugen (1. Hälfte des 9. Jahrhunderts). Al Chwarismi war Iranier aus dem heutigen Choresmischen Gebiet (Usbekistan, südlich des Aralsees). In seinem in Bagdad auf arabisch verfassten Werk verarbeitet er die Lehren der alten Inder und Babylonier (3. bis 1. vorchristliches Jahrtausend!). Geistesverwandtschaft mit chinesischer Rechenkunst ist vorhanden, Beziehung aber nicht nachgewiesen. Die Fang-Cheng-Methode jedenfalls kennt Al Chwarismi nicht. In den Akten erscheint sie als isolierte Perle chinesischen Könnens.

'On ne prête qu'aux riches' lehrt ein französisches Sprichwort. Gauss'sche Elimination[3] heisst vielleicht deshalb der Fang-Cheng-Algorithmus im Abendland. Kreditwürdig für uns bleibe dennoch mit seiner Terminologie der Kanzler Chang Ts'ang von Chinas hehrem Kaiser.

2.1 Addition von Matrizen

Für je zwei Matrizen $A, B \in \mathbb{R}^{m\times n}$ derselben Grösse definieren wir die **Summe** $A+B$ als eine Matrix $S \in \mathbb{R}^{m\times n}$ derart, dass $S_{ij} = A_{ij} + B_{ij}$ für alle i, j. So ist zum Beispiel

$$\begin{bmatrix} 2 & -1 & 0 \\ -3 & 4 & 7 \end{bmatrix} + \begin{bmatrix} -1 & 0 & 2 \\ 5 & -3 & -\frac{1}{3} \end{bmatrix} = \begin{bmatrix} 1 & -1 & 2 \\ 2 & 1 & \frac{20}{3} \end{bmatrix}$$

图 3 现代西方教科书中引用《九章算术》“方程算法”

“正负开方术”与高次多项式方程

《九章算术》卷 4 中有“开方术”和“开立方术”，给出了开平方和开立方的算法.《九章算术》中的这些算法后来逐步推广到开更高次方的情形，并且在宋元时代发展为一般高次多项式方程的数值求解. 秦九韶（约1202—约1261）是这方面的集大成者，他在《数书九章》一书中给出了高次多项式方程数值解的完整算法，即他所称的“正负开方术”.

用现代符号表达，秦九韶“正负开方术”的思路如下：

对任意给定的数字系数方程

$$f(x)=a_0x^n+a_1x^{n-1}+\cdots+a_{n-2}x^2+a_{n-1}x+a_n=0, \tag{1}$$

其中 $a_0\neq 0$, $a_n<0$，要求 (1) 式的一个正根 x . 秦九韶分别称 a_n 为“实”，a_{n-1} 为“上廉”，a_{n-2} 为“二廉”，……，a_1 为“下廉”，a_0 为“隅”. 他先估计根的最高位数字，连同其位数一起称为“首商”，不妨记作 c，则根 $x=c+h$，代入 (1) 得

$$\bar{f}(h)=f(c+h)=a_0(c+h)^n+a_1(c+h)^{n-1}+\cdots+a_{n-1}(c+h)+a_n=0,$$

按 h 的幂次合并同类项即得到关于 h 的方程：

$$\bar{f}(h)=\bar{a}_0h^n+\bar{a}_1h^{n-1}+\cdots+\bar{a}_{n-1}h+\bar{a}_n=0, \tag{2}$$

于是又可估计满足新方程 (2) 的根的最高位数字. 如此反复进行下去，若得到某个新方程的常数项为

0，则求得的根是有理数；否则上述过程可继续下去，按所需精度求得根的近似值．

在上述整个过程中，如何从原方程（1）的系数 $a_0, a_1, \cdots, a_n$ 及估值 c 求出新方程（2）的系数 $\bar{a}_0, \bar{a}_1, \cdots, \bar{a}_n$ 的算法是需要反复迭代使用的，秦九韶给出了一个规格化的程序，我们可以称之为“秦九韶程序”，它相当于下表所显示的计算过程，其中 c 为“商”指估计根的首位数字（连同其位数），每一列从下向上计算，第 k 列的计算要用到初始数据和第 $k-1$ 列的计算结果：

(shi)	a_n	$r^1_{n-1}c+a_n=$				
(fang)	a_{n-1}	$r^1_{n-1}(=\bar{a}_n)$	$r^2_{n-2}c+r^1_{n-1}=$			
(shanglian)		$r^1_{n-2}c+a_{n-1}=$	$r^2_{n-1}(=\bar{a}_{n-1})$			
	a_{n-2}	r^1_{n-1}	$r^2_{n-3}c+r^1_{n-2}=$			
(lian)		$r^1_{n-3}c+a_{n-2}=r^1_{n-2}$	r^2_{n-1}			
$\vdots$		$\vdots$	$\vdots$		$a_0c+r_1^{n-1}=$	
a_3		$r^1_2c+a_3=r^1_3$	$r^2_2c+r^1_3=r^2_3$	$\cdots$	$r^n_1(=\bar{a}_1)$	$a_0(\bar{a}_0)$
a_2		$r^1_1c+a_2=r^1_2$	$r^2_1c+r^1_2=r^2_2$		a_0	
(xialian)	a_1	$a_0c+a_1=r^1_1$	$a_0c+r^1_1=r^2_1$			
(yu)	a_0	a_0	a_0			

秦九韶在《数书九章》中用这个统一的算法去解决各种可以归结为代数方程的实际问题，包括“实田求积”（田地面积）、“遥度圆城”（测量问题）、“囷积量容”（粮仓容积）、“竹比验雪”（降雪量测算）等等．整个《数书九章》共有 20 多道用“正负开方术”解决的应用问题，其中涉及的方程最高次数达到 10

次（竹比验雪题），秦九韶解这些问题的算法整齐划一，步骤分明，堪称是中国古代数学机械化的典范．

“四元术”与多元高次方程

绝不是所有的问题都可以归结为线性方程组或一个未知量的多项式方程来求解．实际上，可以说更大量的实际问题如果能化为代数方程求解的话，出现的将是含有多个未知量的高次方程组．

多元高次方程组的求解即使在今天也绝非易事．历史上最早对多元高次方程组作出系统处理的是中国元代数学家朱世杰．朱世杰的《四元玉鉴》(1303)一书中涉及的高次方程甚至达到了 4 个未知数．朱世杰用“四元术”来解这些方程．“四元术”首先是以“天”、“地”、“人”、“物”来表示不同的未知数，同时建立起方程式，然后用顺序消元的方法解出方程．消元过程大致为：选择未知数中的一个，从给定的方程组中消去它，得到一个含三个未知数的三元方程组．接着从这个三元方程组中进一步消去一个未知数，得到一个二元方程组．最后从两个方程中消去一个未知数，得到一个只有一个未知数的方程，再用已知的方法（如正负开方术）解这个方程，并把所得的解代入其他方程，顺序求解并得到每个未知数的值．这显然是一种普遍的方法，朱世杰在《四元玉鉴》中使用了“剔消”、“易位”、“互隐通分”、“内外行乘积”等多种消元程序．“四元术”也是一种纯熟的解方程的机械化算法．

通过《四元玉鉴》中的具体例子可以清晰地了解朱世杰“四元术”的特征. 该书卷首四个示范性问题之一“三才运元”为

“今有股弦较除弦和和与直积等, 只云勾弦较除弦较和与勾同, 问弦几何?”

在直角三角形中, 设勾为 x, 股为 y, 弦为 z, 则题中所谓“股弦较”为 $z-y$,“弦和和”为 $z+(x+y)$,“直积”为 xy,“勾弦较”为 $z-x$,“弦较和”为 $z+(y-x)$. 依题意得

$$[z+(x+y)]\div(z-y)=xy \text{ 和 } [z+(y-x)]\div(z-x)=x.$$

于是便导致一个三元方程组:

$$\begin{cases} xyz-xy^2-z-x-y=0, \\ xz-x^2-z-y+x=0, \\ z^2-x^2-y^2=0. \end{cases}$$

为了解出 z, 朱世杰的做法大致如下: 首先在原方程中消去 y, 得到二元方程组, 接着逐步降低所得方程组中 x 的次数, 最后将得到只含有 x 和 z 的两个方程, 再从这两个方程中消去 x, 得到一个只含有 z 的四次方程:

$$z^4-6z^3+4z^2+6z-5=0.$$

朱世杰解出最后这个方程的一个正根 $z=5$.

值得注意的是, 上述例子中的三元方程组是由一个几何问题导出的. 这种将几何问题转化为代数

方程并用某种统一的算法求解的例子，在宋元数学著作中比比皆是，充分反映了中国古代几何代数化和机械化的倾向．

以解方程为主线的中国古代数学，不仅导致了算法的繁荣，创造出许多在西方要等到微积分时代以后才重新获得的优良算法（如前面提到的相当于高斯消去法的解线性联立方程组的“方程术”；高次代数方程数值求解的秦九韶程序，与 1819 年英国数学家 W. 霍纳重新导出的“霍纳算法”也基本一致；而多元高次方程组的系统研究在欧洲要到 18 世纪末才开始在 E. 别朱等人的著作中出现），而且孕育了一系列极其重要的概念，显示了算法化的思维在数学进化中的创造意义和动力作用．以下亦举几例．

负数的引进　《九章算术》“方程术”“遍乘直除”的消元程序，方程系数相减时会出现较小数减较大数的情况，正是在这里，《九章》的作者们引进了负数，并给出了正、负数的加减运算法则，即“正负术”．用现代符号表述，设 $a>b>0$，则“正负术”相当于

$$(\pm a)+(\mp b)=\pm(a-b);$$

$$(\pm b)+(\mp a)=\mp(a-b);$$

$$(\pm a)+(\pm b)=\pm(a+b);$$

$$(\pm a)-(\pm b)=\pm(a-b);$$

$$(\pm b)-(\pm a)=\mp(a-b);$$

$$(\pm a)-(\mp b)=\pm(a-b);$$

$$0 - a = -a;$$

$$0 - (-a) = +a;$$

$$0 + a = a;$$

$$0 + (-a) = -a.$$

对负数的认识是人类数系扩充的重大步骤. 公元 7 世纪印度数学家也开始使用负数, 但负数的认识在欧洲却进展缓慢, 甚至到 16 世纪韦达的著作还回避使用负数.

无理数的认识 中国古代数学家在开方运算中接触到了无理数.《九章算术》开方术中指出了存在有开不尽的情形:"若开方不尽者, 为不可开",《九章算术》的作者们给这种不尽根数起了一个专门名词——"面"."面", 就是无理数. 与古希腊毕达哥拉斯学派发现正方形的对角线不是有理数时惊慌失措的表现相比, 中国古代数学家却是相对自然地接受了那些"开不尽"的无理数, 这也许应归功于他们早就习惯使用的十进位值制记数制, 这种十进位值制使他们能够有效地计算"不尽根数"的近似值. 为《九章算术》作注的三国时代数学家刘徽就在"开方术"注中明确提出了用十进制小数任意逼近不尽根数的方法, 他称之为"求微数法", 并指出在开方过程中,"其一退以十为母, 其再退以百为母, 退之弥下, 其分弥细, 则朱幂虽有所弃之数, 不足言之也".

十进位值记数制是对人类文明不可磨灭的贡献. 法国大数学家拉普拉斯曾盛赞十进位值制的发明,

认为它“使得我们的算术系统在所有有用的创造中成为第一流的”，而这种记数制的策源地，恰恰是古代的华夏民族．中国古代数学家正是在严格遵循十进位值制的筹算系统基础上，建立起了富有机械化特色的东方数学大厦．

贾宪三角或杨辉三角　从前面关于高次方程数值求解算法（秦九韶程序）的介绍我们可以看到，中国古代开方术是以 $(c+h)^n$ 的二项展开为基础的，这就引导了二项系数表的发现．这种系数表最早正是出现在论述高次开方术的一些著作中．南宋数学家杨辉著《详解九章算法》（1261）中，载有一张所谓“开方作法本源图”，实际就是一张二项系数表（图 4）．杨辉说明这张图摘自 1050 年左右北宋数学家贾宪的一部著作，并指出贾宪用它来进行高次开方．“开方作法本源图”现在就叫“贾宪三角”或“杨辉三角”．二项系数表在西方叫“帕斯卡三角”，1654 年由法国数学家帕斯卡重新发现．

走向符号代数　解方程的数学活动，必然引起人们对方程表达形式的思考．在这方面，以解方程擅长的中国古代数学家们很自然也是走在了前列．在宋元时期的数学著作中，已出现了用特定的汉字作为未知数符号并进而建立方程的系统努力．这就是以李冶为代表的“天元术”和以朱世杰为代表的“四元术”．所谓“天元术”，首先是“立天元一为某某”，这相当于“设 x 为某某”，“天元一”就表示未知数，然后在筹算盘上布列“天元式”、即一元方程式．这种方法被推广到多个未知数情形，就是前面已经提到

过的朱世杰的“四元术”，以“天”、“地”、“人”、“物”来表示四个不同的未知数，然后在筹算盘上布列“四元式”、即四元方程式组．因此，用天元术和四元术列方程的方法，与现代代数中的列方程法已相类似．

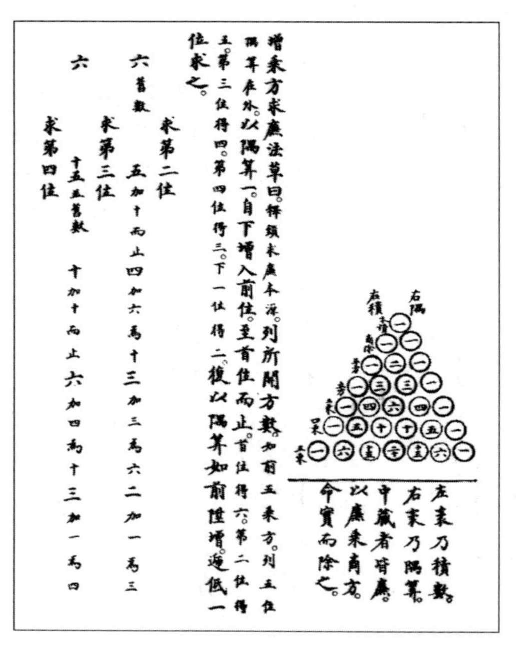
增乘方求廉法草曰。釋鎖求廉本源。列所開方數。如前五乘方。列五位
隅算在外。以隅算一。自下增入前位。至首位而止。首位得六。第二位得
五。第三位得四。第四位得三。下一位得二。復以隅算如前陞增。遞低一
位求之。

六 舊數
求第二位
五加十而止 四加六為十 三加三為六 二加一為三

六
求第三位
十五 五舊數
十加十而止 六加四為十 三加一為四

求第四位

左袤乃積數。
右袤乃隅算。
中藏者皆廉。
以廉乘商方。
命實而除之。

图 4 《永乐大典》中的“开方作法本源图”

（现藏英国剑桥大学图书馆）

符号化是近世代数的标志之一，也是数学机械化的必要条件．中国宋元数学家在这方面迈出了重要一步，“天元术”和“四元术”，是以解方程为主线、机械化为特征的中国古代数学达到的一个高峰．

中国数学在明代以后渐趋衰落，解方程的传统与机械化的特征在中国本土不再发展．在文艺复兴的前夕，中国数学的算法精神却通过阿拉伯地区传到欧洲，在文艺复兴近代数学兴起的大潮中，回响着东方数学的韵律．

三、西方复兴——从笛卡儿到希尔伯特

笛卡儿方案

通过前面的介绍，我们可以看到，中国古代数学以解方程为主的发展路线与笛卡儿将一切问题化为代数方程求解的方案可谓不谋而合.

现在让我们再回到笛卡儿的方案. 如前所述，笛卡儿的雄心是要用代数方程来求解一切科学问题（包括几何问题）. 笛卡儿在其著作《法则》的最后写道：

法则 19："……我们必须找出与未知量个数相同的那么多个量，将它们看作已知量，……这些应当用两种不同的方式来表示，因为这样使我们得到与未知量个数相同的那么多方程. ……"

法则 21："如果有多个这样的方程，我们应当将它们化成一个方程. ……"

这就是说笛卡儿的问题解决方案要求首先将问题化成一个未知量个数与方程个数相同的方程组. 如果得到的是多元方程组，就要进一步将其化为只有一个未知量的方程. 笛卡儿在《法则》中没有说明在获得只含一个未知量的单个方程后接下去怎么办，但人们可以在他的《几何学》中看到其方案的继

续. 笛卡儿按未知量的最高次幂将方程分类:

$$
\begin{aligned}
&z = b,\\
&z^2 = -az + b^2,\\
&z^3 = -az^2 + b^2 z - c^3,\\
&z^4 = az^3 - c^3 z + d^4,\\
&\cdots\cdots
\end{aligned}
$$

然后对每一类方程给出标准的解法, 而这些标准的解法实际上是一种机械化的作图过程.

笛卡儿从一、二次方程开始, 利用圆与直线的交点作出方程的根; 对三、四次方程, 笛卡儿利用圆与抛物线的交点作出方程的根; 对五、六次方程, 笛卡儿则利用圆与比抛物线高一次的所谓 "笛卡儿抛物线" 的交点作出方程的根, 而后者则是由前者通过一种笛卡儿称之为 "平移曲线与转动直线" 的程序产生而来. 为了说明问题, 这里有必要对五、六次方程的作图进行较具体的考察. 设有一个六次方程

$$y^6 - py^5 + qy^4 - ry^3 + sy^2 - ty + u = 0 \left(\text{其中} q > \left(\frac{1}{2}p\right)^2\right),$$

笛卡儿认为所有的五次方程均可化为六次方程, 并可通过根的增值而使方程仅有正根, 同时第三项系数大于第二项系数之半的平方. 笛卡儿给出的作图过程如下 (分步是由笔者给出):

第 1 步 平面上线段 BK 两端无限延长, 作 $AB \perp BK, AB = \frac{1}{2}p$;

第 2 步 用所谓“平移曲线与转动直线”的标准过程由抛物线 CDF 与直线 AE 产生一新曲线 ACN，这里抛物线 CDF 的轴与 BK 重合，直线 AE 恒通过点 A 与 E，参数选取为

$$\text{正焦弦 } n=\sqrt{\frac{t}{\sqrt{u}}+q-\frac{1}{4}p^2},$$

$$DE=\frac{2\sqrt{u}}{pn},$$

当抛物线 CDF 沿 DE 轴向平移，直线 AE 则绕点 A 转动，此时二者的交点将描画出一条曲线 ACN，即笛卡儿抛物线．笛卡儿在此给出了该曲线在直角坐标系中的方程：

$$y^3+by^2-cdy+bcd+dxy=0,$$

可以看出，该曲线比派生出它的抛物线高一次；同时，这里我们看到了《几何学》中使用直角坐标系的一个例子．

第 3 步 在 BK 上沿抛物线凸向作

$$BL=DE=\frac{2\sqrt{u}}{pn};$$

第 4 步 在 BK 上朝 B 方向截取

$$LH=\frac{t}{2n\sqrt{u}};$$

第 5 步 由 H 在 ACN 同侧作 $HI\perp LH$ 使

$$HI=\frac{r}{2n^2}+\frac{\sqrt{u}}{n^2}+\frac{pt}{4n\sqrt{u}};$$

第 6 步 连接 L 与 I, 以 LI 为直径作圆并在圆上截取 P, 令

$$LP=\sqrt{\frac{s+p\sqrt{u}}{n^2}};$$

第 7 步 以 I 为圆心, IP 为半径作圆 CPN.

此时圆 CPN 与曲线 ACN 的交点到 BK 所引垂线 $CG, NR, QO, \cdots$ 之长就是所求的根 (图 5). (一般说来, 交点个数应与原方程根的个数相同, 但也有退化情形.)

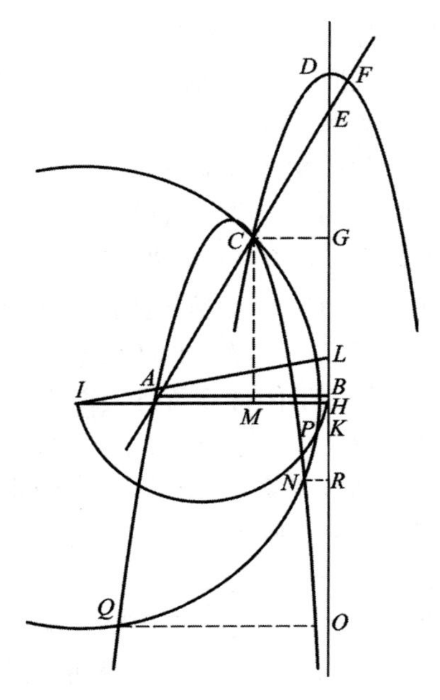

图 5 笛卡儿六次方程作图示意

笛卡儿给出了三、四次与五、六次方程的作图程序以后，在《几何学》末尾总结道：

“我们利用圆与直线的交点解决了所有的平面问题；利用圆与抛物线的交点解决了所有的立体问题；利用圆与比抛物线高一次的曲线的交点解决了所有复杂程度比立体问题又高一阶的问题，只需要遵循这同样的一般方法去解决所有的作图问题，越来越复杂，直至无穷．”

因为笛卡儿认为所有的几何问题都可以归结为代数方程的求解，所以依照他的上述方案，就可用一种程序化、标准化的方式解决所有的几何问题．

很明显，笛卡儿解每类方程的方法实际上是统一的，都是利用圆与另一种曲线的交点，而那些作为问题求解工具的作图曲线则构成一个迭代序列，即解决 k 类问题的 k 次曲线本身通过一种重复使用的统一程序（“平移曲线与转动直线”）又被用来产生解决 $k+1$ 类问题的 $k+1$ 次曲线．

笛卡儿在《几何学》中给出的标准作图到五、六次方程为止．在没有计算机的时代，他的方程作图法在更高次方程的情形因计算量巨大而难以实现．方程标准作图求解在 17 世纪曾繁荣一时，但到 18 世纪中叶以后渐渐被人遗忘．笛卡儿本人则认为他已经指出了问题求解的机械化途径，因此在《几何学》结束时说：

“我希望后人能给我以好评”．

笛卡儿作为解析几何的创立者早已名垂青史，但他所希望的对他的数学机械化方案的“好评”却

姗姗来迟. 直到 20 世纪, 数学家波利亚作如是说:

“笛卡儿的计划失败了, 但它仍不失为一个伟大的计划, 而且即使失败了, 它对数学的影响也超过了偶尔获得成功的千万个小计划. 尽管笛卡儿的方案不是对所有的情形都可行, 但它确实对无穷多种情形有效, 其中包括无穷多种重要的情形”.

作为一种机械化方案, 笛卡儿方案的一个特点是它忽略了将多元方程组化约为单个一元方程的困难, 而这种化约也是数学机械化的关键问题之一. 恰恰在这一点上, 如我们在前面所述, 中国古代数学家的著作提供了启示; 恰恰也是在这一点上, 20 世纪中国数学家在古为今用的基础上取得了重要进展, 使沉寂了几个世纪的笛卡儿数学机械化方案重放异彩.

莱布尼茨的“通用符号演算”

比笛卡儿略晚的莱布尼茨也曾提出过推理机械化的设想. 莱布尼茨试图寻求一种普遍方法,“使人们在任何领域中都能 (至少在一定程度上) 通过一种像算术与代数那样的演算来达到精确的推理”, 这种方法将“使真理昭然若揭, 颠扑不破, 就像是建立在机械化的基础之上”,“而受到人们应有的尊敬的代数, 只不过是这一般方法的一部分. 但代数在其中起着重要作用, ……我终于明白, 代数所证明的这一切, 仅仅归功于一种我现在称其为组合符号的更高的科学”. 莱布尼茨的方案, 现以“通用符号演算”(characteristica universalis)著称.

图 6 G. 莱布尼茨

莱布尼茨方案概言之就是要发明一种通用的语言和一套专门的符号,在此基础上建立一种推理的代数,通过演算来完成一切正确的推理过程. 早在 1666 年,莱布尼茨就发表过一篇论文《组合的艺术》,初步阐述其符号逻辑思想. 他在 1690 年左右完成的两份手稿中则给出了这种演算的最后形式,其中已引进了逻辑“恒等”、“蕴含”以及逻辑“加”($\oplus$)、“减”($\longleftrightarrow$)等等,代数符号及运算被直接用来表述逻辑演绎关系,三段论推理也被归结为一种符号演算. 这些都使莱布尼茨的方案被公认为现代数理逻辑的先导. 不仅如此,莱布尼茨还敏锐地看到了用机器代替人的计算在实现整个思维机械化中的重要性,并从 1671 年开始亲自着手研制计算机. 1673 年他访问英国伦敦时曾携带了一台计算机的木制模型,引起了当地人的极大兴趣. 1674 年,莱布尼茨在一位叫马略特的人的帮助下终于制成了一架能做加、减、乘、除运算的计算机，他称之为“算术计算机”，并有专文记述他研制这种计算机的经过及其设计思想. 这又使莱布尼茨与帕斯卡共同成为设计制造计算机的先驱.

笛卡儿是解析几何的发明人，莱布尼茨则是微积分的制定者. 两位近代数学的奠基人，同时也都是数学机械化的创导者，这不能说是偶然的事情. 一位数学史家说过:“在几何论证的符号化甚至机械化中显示出来的代数的威力，感动了笛卡儿和莱布尼茨一些人，促使他们设计了一种比数量的代数更宽广的科学”. 笛卡儿方案和莱布尼茨方案，有着共同的终极目标，二者都是力图使推理机械化、寻求发现真理的普遍方法的数学方案. 但另一方面，二者在达到目的的方法、手段上却迥然不同：前者将一切归结为代数方程及其标准求解，是纯粹代数的途径；后者则诉诸逻辑本身的代数化，是数理逻辑的途径. 笛卡儿方案与莱布尼茨方案，标志着实现推理机械化的两大主要数学路线.

与解析几何和微积分相比，笛卡儿和莱布尼茨的数学机械化思想超越了他们的时代. 如前所述，笛卡儿方案的复兴要等待 20 世纪的计算机时代. 莱布尼茨方案也是在近二百年之后才重新获得进展.

布 尔 代 数

1847 年，自学成才的英国数学家布尔(G. Boole)发表了《逻辑的数学分析》. 布尔在这部著作和他稍后发表的另一部著作《思维规律的研究》(1854) 中，成功地将形式逻辑真正归结为一种代数演算，这就是今天所说的“布尔代数”. 布尔建立了一套符号系统，并从一组逻辑公理出发，像推导代数公式那样来推导逻辑定律. 在布尔代数中，基本变量和逻辑函数只能取两个值：0 和 1，$x=0$ 表示命题 x 真，$x=1$ 表示命题 x 不真，这就使得布尔代数特别适用于开关电路的分析. 尽管布尔本人并没有意识到他的逻辑代数与计算机的联系，但布尔代数对现代计算机的发展却影响深远.

布尔之后，一些数学家和逻辑学家又对他的逻辑代数作了改进和发展，其中英国逻辑学家杰文斯 (W.S. Jevons) 甚至以布尔代数为基础设计了一台“逻辑钢琴”，引起了一场小小的“逻辑机”热，虽然真正的逻辑机制造需要对逻辑思维的数学表达进行更透彻的研究.

图 7　G. 布尔

布尔代数是数学机械化的逻辑方向上的重要一步，它所引起的数理逻辑的蓬勃发展对于数学机械化具有重要的刺激. 1879 年法国数学家开辟了数理逻辑的另一种传统——数学基础传统，即用精密的逻辑为数学建立可靠的基础. 弗雷格的研究从另一个方向发展了逻辑的形式语言，这种形式语言和符号体系经皮亚诺（G. Peano）等人发展后被英国数学家罗素和怀特海引用，形成了数理逻辑中的逻辑主义. 逻辑主义与直觉主义、形式主义并称 20 世纪数学基础的三大学派，它们的争论推动了 20 世纪最初几十年中的推理机械化的研究.

希尔伯特形式主义

形式主义的领头人物是德国数学家希尔伯特（D. Hilbert，1862—1943）. 希尔伯特倡导的形式主义对于数学机械化来说具有特殊的意义. 希尔伯特形式主义的要旨是：将数学彻底形式化为一个公理系统，数学基础的首要任务是要对于任何形式系统确立其相容性或无矛盾性，即从系统的公理出发不能推出矛盾. 为此希尔伯特明确地提出了公理系统中的判定问题：有了一个公理系统，就可以在这个系统基础上提出各种各样的命题. 有没有一种机械化的方法或者说算法，对每一个命题进行检验，判明它是否成立呢? 希尔伯特提出了一套解答上述问题的方案，并称这套方案为“证明论”或“元数学”.

然而，数理逻辑的研究表明，希尔伯特的要求过高了. 1931 年，奥地利数学家哥德尔（K. Gödel）证明的一条定理断言：即使是在初等数论的范围内，对所有的命题进行判定的机械化方法也是不存在的!

图 8　D. 希尔伯特

那么，能不能退一步，去寻找可以用机械化方法判定的较小的命题类呢？答案是肯定的．恰好在希尔伯特的名著《几何基础》中，就提供了一条可以对一类几何命题进行判定的定理．这条定理的意思是说：如果一个几何命题只涉及关联性质，那就可以用确定的步骤判定它是否成立．

所谓“关联性质”，指的是“某点在某直线上”，“某直线过某点”，“某直线在某平面上”等不涉及线段长短、角度大小以及垂直、相似等几何性质．例如有名的帕斯卡定理就只涉及关联性质．帕斯卡定理是说：设点 A, B, C 在一直线上，点 X, Y, Z 在另一条直线上，P 是 AY 与 XB 的交点，Q 是 BZ 与 YC 的交点，R 是 AZ 与 XC 的交点，则 P, Q, R 共线（图 9）．

希尔伯特的上述结果事实上是发现了一条关于机械化证明的定理．另外，希尔伯特在《几何基础》中将欧氏几何的无矛盾性通过笛卡儿坐标而归约为实数算术的无矛盾性，也具有强烈的笛卡儿精神．然而，希尔伯特本人并没有意识到他的几何工作的机械化意义．他的《几何基础》在数学史上一向是以现代公理化的经典而著称，但直到 20 世纪 80 年代，中国数学家吴文俊才首先揭示了希尔伯特这部著作的数学机械化内蕴，他指出："该书更重要之处，是在于提供了一条从公理化出发，通过代数化以达到机械化的道路"．

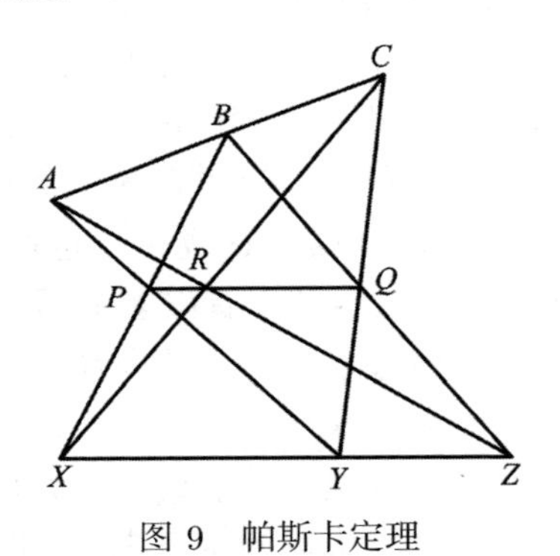

图 9　帕斯卡定理

从笛卡儿到希尔伯特，许多数学巨擘（自觉或不自觉地）亲自开拓和参与了数学机械化的事业，这说明数学机械化是人类伟大而深刻的智力探索．尽管如此，数学机械化的进展却是缓慢的，道路是漫长的．特别是在缺乏可以高速进行数学运算的机器的情况下，更显艰辛困难，步履蹒跚．现代电子计算机的问世，终于使数学机械化的研究空前活跃起来，开创了数学机械化的崭新时代．

四、现代曙光——计算机与数学机械化

早在 1936 年,英国数学家图灵(A. Turing)为了解决数学问题机械可解性或可计算性的判定问题,提出了所谓“理想计算机”的概念. 这种理想计算机现在也叫“图灵机”,它由 3 个部分组成:一条带子,一个读写头和一个控制装置. 带子分成许多小格,每小格可存一位数(0 或 1),也可以是空白. 在任一时刻,读写头将处于有限多个不同状态中的一个(两个状态就够了). 机器的运作是按逐步进行的方式,每一步由 3 个不同的动作组成. 在任一确定时刻,读写头将视读带上的一个方格,它的行动由该格上的内容和机器的状态决定. 根据这两个因素,机器抹去带上原有的符号;然后或者使方格保持空白,或者写上另外的(也可能是相同的)符号;然后让带子通过读写头,朝两个方向之一移动一个方格,最后机器进入另一个(也可能是相同的)状态. 机器的行为自始至终是由一个指令集所决定,它明确地指示你每一步应执行哪 3 个动作. 整个运作从读写头视读第一个方格数据开始,一旦计算结束,机器就进入一个特别的停止状态. 运算过程的任何结果都记录在带子上. 图灵证明了一条重要定理,即存在一种图灵机,它能模拟任一给定的图灵机. 这种能模拟任一给定图灵机的理想计算机就是"通用图灵机". 因此图灵机不仅给出了可计算性的严格定义, 而且从理论上证明了制造通用数字计算机的可能性. 1945 年, 第一台通用程序控制电子计算机 (ENIAC) 终于诞生, 包括冯·诺依曼 (J. von Neumann) 在内的一些数学家参与了这台计算机的研制并发挥了关键作用.

图 10　A. 图灵

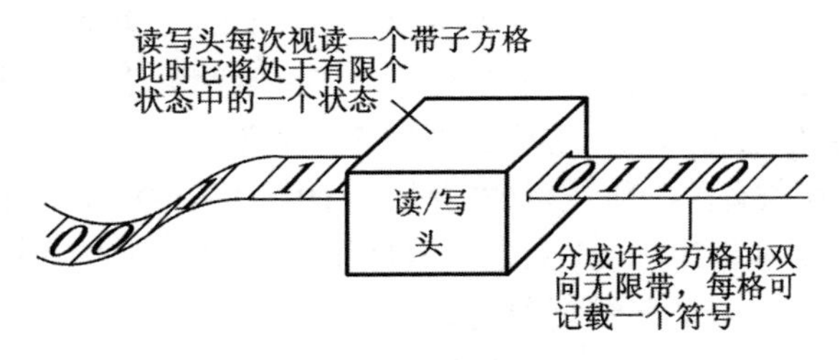

图 11　图灵机示意图

高速计算工具的出现, 促使一部分数学家重温笛卡儿的数学机械化之梦, 少数数学家又将目光投向了数学机械化的代数方法. 1950 年, 波兰数学家塔斯基（A. Tarski）在推广关于代数方程实根数目的斯笃姆法则的过程中证明了一条定理：

"一切初等几何和初等代数范围的命题，都可以用机械方法判定".

这是一个引人注目的结果，似乎鼓舞了人们机械化证明几何定理的信心．然而数学家们在具体运用中很快发现，塔斯基的方法过于繁复，即使在速度很高的计算机上也证明不了稍有难度的几何定理．后来有人对塔斯基的方法作了改进并在计算机上进行实施，效果仍然令人失望．

当数学机械化在代数的道路上逡巡徘徊之时，数学家们在另一个方向——逻辑方向上也借助于计算机发起了新的锲而不舍的努力．1957 年，美国卡内基—梅隆大学的纽厄尔（A. Newell）、肖（Shaw）和西蒙（H.A. Simon）等设计了所谓"逻辑理论机"，成功地证明了罗素与怀特海的巨著《数学原理》第二章头 52 条定理中的 38 条．几乎同时，美籍华裔数学家王浩设计了一个程序，在一架速度不高的计算机（IBM704）上证明了罗素《数学原理》中全部 350 条有关一阶逻辑的定理，仅用了 9 分钟时间．王浩明确提出了"走向数学机械化"的口号，鼓舞人们沿着这条道路继续前进．

下一个重要的步伐是罗宾逊（J.A. Robinson）提出的"归约原理"（resolution）．归约原理是对机器证明的一般理论研究，还不能借助它来自动证明一定难度的定理．尽管如此，归约原理在 20 世纪 60 年代定理机械化证明领域中几乎占据了主导地位．与此同时，苏联学者马斯洛夫（S.J. Maslov）等发展了一种所谓的“反方法”，但并未引起重视，直到1991年，反方法才由拜贝尔（W. Bibel）等人的工作而获得推进.

图 12　王浩

从 20 世纪 70 年代初开始，有人怀疑归约原理方法用以解决困难数学问题的能力，主张加入人的直觉因素，以退求进，倡导一种“半自动数学”的逻辑计划. 这方面的代表性工作如美国得克萨斯大学布莱索（W. Bledsoe）的“证明”（PROVER）计划. 布莱索将归约方法与非归约途径结合起来，证明了一些单用归约法不能证明的集合论命题. 布莱索后来彻底放弃归约法而提出了所谓自然推导定理证明方案，称之为 IMPLY. 70 年代中叶，莫尔（J.S. Moore）等人提出的“计算逻辑定理证明器”，证明了数理逻辑中若干较困难的定理，并引出了一系列后续研究.

在 20 世纪 70 年代，在用计算机证明特殊的数学难题方面奏响了一曲凯歌，这就是“四色定理”的证明. 四色定理已有一百多年的历史，数学家们在长期的探索中将它的证明归结为寻找一组称之为“不可避免可约图”的图形，这组图形的确定涉及巨量的组合计算，靠数学家是不可能人工完成的. 1976年，两位美国年轻的数学家阿佩尔和哈肯借助于高速电子计算机，花费了 1200 个计算机小时，终于攻克了这座百年堡垒.

四色定理的证明开辟了用计算机研究数学的美好前景，然而这种定理证明却有别于数学机械化意义下的定理证明，它是借助计算机来完成定理证明过程中遇到的、人力难以完成的巨量计算，仍然是一题一证. 不过，其证明过程向数学家和数理逻辑学家们展示了计算机的高速计算威力，这对于数学机械化的定理证明无疑是一个福音.

当然，用计算机进行数学演算和推理，不仅要求计算数值，还应当会处理符号. 在计算机技术发展的基础上和科学技术的实际需求推动下，研究如何让计算机与符号打交道的学科——计算机代数应运而生. 早在 1960—1961 年间，已经出现了用于符号计算的计算机高级语言 LISP. 在此基础上，一批能用符号进行基本数学运算和推理的计算机软件公布于世. 到了 80 年代，功能更强的计算机软件如 Mathematica、Maple 等相继进入市场，成为科学家、工程师和大学师生们的常用工具，使代数和微积分基本运算的机械化逐步实现. 所有这些为数学机械化的进一步发展提供了物质基础和有利条件.

数学机械化，无论是按照笛卡儿的方案还是按照莱布尼茨的方案，追求的是使推理或证明机械化的普遍方法，或者至少使像前面提到的希尔伯特机械化定理所做的那样用一个统一的方法同时证明一整类问题. 如前所述，到 20 世纪六七十年代，定理证明机械化的逻辑路线取得了可喜的进展，但所有这方面的努力基本上还局限于数理逻辑的命题证明，因此很少能引起第一线工作的数学家们的兴趣. 至于说数学机械化的代数路线，自从 20 世纪 50 年代塔斯基提出初等几何定理证明和机械化方法以来，大约四分之一世纪的时间里却可谓裹足不前，进展迟缓. 塔斯基的算法虽经柯林斯等人的刻意改进，仍然效率低下，以至于迄今尚未能用这种方法在大型计算机上证明任何有意义的几何定理，更谈不上发现新的定理了. 历经挫折和失败之后，人们对定理机器证明可以说是在憧憬之后又陷入了迷茫：高速计算机曾给人带来憧憬，缺乏有效的算法又使人迷茫，甚至有人悲叹“光靠计算机，再过一百年也未必能证明多少有意义的新定理”.

然而，几个世纪的历史积累，必然酝酿重大的突破，这一突破首先来自“四元术”的故乡——中国.

五、"吴方法"与数学机械化

1977 年，中国科学院吴文俊发表了他提出的几何定理机器证明的新方法．吴方法正是将要证明的几何问题代数化，并有一套高度机械化的、能够直接在计算机上有效运行的代数关系整理程序．这一方法是笛卡儿方案与希尔伯特路线的继承，同时也是中国古代数学机械化、算法化优良传统的发扬．作为这一方法的关键算法——多元非线性代数方程组的消元程序，正是在现代代数几何基础上发展宋元数学家的消元法而获得的成功．利用这一方法不仅可以有效地证明初等几何的大部分定理，而且可以自动发现新的定理．

图 13　吴文俊在工作

一个例子

我们先举一个简单易明的例子，来粗略介绍吴文俊的定理机器证明方法．这个例子用传统证法完全可以轻易地解决．以它为例，只是为了说明机器证法的大致思路，作为进一步了解吴方法的入门（参考文献 [5]）．

试证：平行四边形的两对角线互相平分．

设有平行四边形 $ABCD$．

求证：AC、BD 互相平分．（图 14）

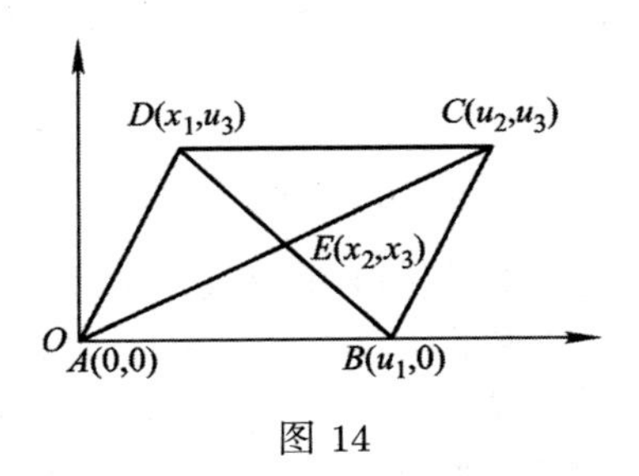

图 14

机器证明的做法类似于解析几何，首先是将几何问题化为代数问题．

如图 14 所示建立直角坐标系，取点 A 的坐标为 $(0,0)$．设点 B 的坐标为 $(u_1,0)$，点 C 的坐标为 (u_2,u_3)，点 D 的坐标为 (x_1,u_3)，对角线 AC 与 BD 的交点 E 的坐标为 (x_2,x_3)．

这里坐标 u_1,u_2,u_3 是相互独立的，而 x_1,x_2,x_3 则取决于 u_1,u_2,u_3．D 的纵坐标与 C 相同，均为 u_3（这里使用了条件 $DC//AB$ 以简化后面的论证．事实上我们也可以直接设 D 的坐标为 (x_1, x_2)，E 的坐标为 (x_3, x_4)，后面的论证仍然成立，不过表述形式要复杂得多).

坐标一经建立，我们首先将命题的假设部分表示成代数形式.

$AD//BC$ 可表为

$$\frac{u_3-0}{x_1-0}=\frac{u_3-0}{u_2-u_1}$$

(因它们具有相等的斜率)，但在机器证明中不允许使用分数，我们改用整式等式来表示 $AD//BC$：

$$(u_3-0)(u_2-u_1)-(x_1-0)(u_3-0)=0,$$

亦即

$$u_3(u_2-u_1)-x_1u_3=0. \quad (1)$$

需要注意的是，等式 (1) 不仅仅表示通常意义下的 $AD//BC$，而是表示 $AD//BC$，或 A 与 D 重合，或 B 与 C 重合，或者说 AD 与 BC 共线. 这样做似乎泛化了平行概念，但却有助于考察一般情形和发现几何定理机器证明的一般方法.

点 E 在 BD 上这一事实可用以下整式等式表示：

$$x_3(x_1-u_1)-u_3(x_2-u_1)=0. \quad (2)$$

同样点 E 在 AC 上这一事实可表为

$$x_3u_2-x_2u_3=0. \quad (3)$$

(1)、(2)、(3) 表示了命题的假设条件. 下一步则是要将命题的结论表示为代数形式.

$EA = EC$ 被表示为（机器证明中不允许出现根号，因此我们以 $EA^2 = EC^2$ 替代，下同）：

$$x_2^2 + x_3^2 = (u_2 - x_2)^2 + (u_3 - x_3)^2,$$

即

$$u_2^2 - 2u_2x_2 + u_3^2 - 2u_3x_3 = 0. \tag{4}$$

$EB = ED$ 被表示为

$$(x_2 - u_1)^2 + x_3^2 = (x_1 - x_2)^2 + (u_3 - x_3)^2,$$

即

$$-2u_1x_2 + u_1^2 - x_1^2 + 2x_1x_2 - u_3^2 + 2u_3x_3 = 0. \tag{5}$$

现在的问题是如何从表达假设的代数式（1）、（2）、（3）推导出表达结论的代数式（4）、（5）.

通常的做法是这样的：由（1）、（2）、（3）确定 x_1，x_2，x_3，得（在假设条件 $u_1 \neq 0$，$u_3 \neq 0$ 下）

$$\begin{cases} x_1 = u_2 - u_1, \\ x_2 = \dfrac{u_2}{2}, \\ x_3 = \dfrac{u_3}{2}, \end{cases}$$

将它们代入（4）式左端，得

$$u_2^2 - 2u_2 \cdot \frac{u_2}{2} + u_3^2 - 2u_3 \cdot \frac{u_3}{2}$$

正好等于零，因此（4）式成立.

将它们代入 (5) 式左端，得

$$-2u_1\cdot\frac{u_2}{2}+u_1^2-(u_2-u_1)^2+2(u_2-u_1)\cdot\frac{u_2}{2}-u_3^2+2u_3\cdot\frac{u_3}{2}$$

也等于零，所以 (5) 也成立.

这样我们就在假设条件 $u_1\neq 0$, $u_3\neq 0$ 下证明了命题. 从图 14 可以看到，$u_1\neq 0$ 的几何意义是 B 点与 A 点不相重合；$u_3\neq 0$ 的几何意义是 DC 与 AB 不在同一直线上. 对于我们所理解的平行四边形来说，这些条件显然是符合的.

以上所说是通常的证法，而非机器证明的方法.

机器证明的吴方法则进行如下：

第 1 步 将表示命题假设条件的三个代数式

$$u_3(u_2-u_1)-x_1u_3=0, \tag{1}$$

$$x_3(x_1-u_1)-u_3(x_2-u_1)=0, \tag{2}$$

$$x_3u_2-x_2u_3=0. \tag{3}$$

按这样的方式重新排列，使得其中之一只含一个 x_i，例如 x_1；另一式只含上述 x_i 及另一个 x_j，例如 x_1 和 x_2 (或 x_1 和 x_3)；而第三式则含所有的 x 即 x_1，x_2，x_3.

这对上述的 (1)，(2)，(3) 三式而言是容易做到的.

(1) 只含 x_1. 若 $u_3\neq 0$，(1) 式相当于

$$u_2-u_1-x_1=0,$$

记 (假定 $u_3\neq 0$)

$$f_1=u_2-u_1-x_1=0. \tag{1'}$$

(2) 与 (3) 均含 x_2 和 x_3，由此二式可消去 x_2：从 (2) 式减 (3) 式，得

$$x_3(x_1 - u_1 - u_2) + u_1u_3 = 0,$$

记作

$$f_2 = x_3(x_1 - u_1 - u_2) + u_1u_3 = 0. \tag{2'}$$

记 (3) 式为

$$f_3 = x_3u_2 - x_2u_3 = 0. \tag{3'}$$

上述 (1′) 式只含 x_1，(2′) 式只含 x_1 和 x_3，(3′) 含 x_1，x_2 和 x_3（事实上不含 x_1）. 这就达到了重新排序的目的. 我们称这样的排序为“三角化”，意指整序成如下的形式

$$\begin{array}{l} x_1 \\ x_1,\ x_3 \\ x_1, x_2, x_3 \end{array} \quad \left(\text{或} \quad \begin{array}{c} x_1 \\ x_1,\ x_2 \\ x_1, x_2, x_3 \end{array}\right).$$

将命题的假设部分三角化后，我们得到如下的三个多项式：

$$\begin{aligned} f_1 &= u_2 - u_1 - x_1, \\ f_2 &= x_3(x_1 - u_1 - u_2) + u_1u_3, \\ f_3 &= x_3u_2 - x_2u_3, \end{aligned}$$

然后进行第 2 步.

第 2 步 将表示结论的等式左端记作 g_i，例如将 (4) 式左端记作 g_1，即

$$g_1 = u_2^2 - 2u_2x_2 + u_3^2 - 2u_3x_3.$$

用 g_1 除以 f_3（二者均为 x_2 的多项式）；以余式除以 f_2（二者均为 x_3 的多项式），复以余式除以 f_1（二者均为 x_1 的多项式），记最后所得余式为 R，检验 R 是否等于零.

实际操作如下：

以 g_1 除以 f_3（二者均为 x_2 的多项式）. 为避免分数我们以 u_3g_1 除以 f_3，即

$$
\begin{array}{r|l}
 & 2u_2 \\
\hline
-u_3x_2+u_2x_3 & -2u_2u_3x_2-2u_3^2x_3+u_2^2u_3+u_3^3 \\
 & -2u_2u_3x_2+2u_2^2x_3 \\
\hline
 & \qquad\qquad -2u_3^2x_3-2u_2^2x_3 \\
 & \qquad\qquad +u_2^2u_3+u_3^3
\end{array}
$$

这样我们得到

$$u_3g_1 = 2u_2f_3 + R_3, \tag{6}$$

其中

$$R_3 = -2(u_2^2+u_3^2)x_3 + u_3(u_2^2+u_3^2).$$

以 R_3 除以 f_2（二者均为 x_3 的多项式），得（除法算式从略，下同）：

$$(x_1-u_1-u_2)R_3 = -2(u_2^2+u_3^2)f_2 + R_2, \tag{7}$$

其中

$$R_2 = 2u_1u_3(u_2^2+u_3^2) + u_3(u_2^2+u_3^2)(x_1-u_1-u_2).$$

以 R_2 除以 f_1（二者均为 x_1 的多项式），得

$$R_2 = -u_3(u_2^2+u_3^2)f_1 + R, \tag{8}$$

其中

$$R = 0\,!.$$

这说明表示命题结论的代数式 (4) 可以从表示命题条件的代数式 (1)、(2)、(3) 导出.

这是因为由 (6) 可得

$$\begin{aligned} u_3(x_1 - u_1 - u_2)g_1 = 2u_2(x_1 - u_1 - u_2)f_3 \\ +(x_1 - u_1 - u_2)R_3, \end{aligned}$$

以 (7) 式代入, 得

$$\begin{aligned} u_3(x_1 - u_1 - u_2)g_1 = 2u_2(x_1 - u_1 - u_2)f_3 \\ -2(u_2^2 + u_3^2)f_2 + R_2, \end{aligned}$$

再以 (8) 式代入, 得

$$\begin{aligned} u_3(x_1 - u_1 - u_2)g_1 = 2u_2(x_1 - u_1 - u_2)f_3 \\ -2(u_2^2 + u_3^2)f_2 \\ -u_3(u_2^2 + u_3^2)f_1 + R. \end{aligned} \tag{9}$$

(9) 可重写为

$$c_1c_2g_1 = a_1f_3 + a_2f_2 + a_3f_1 + R, \tag{10}$$

其中

$$c_1 = u_3,$$

$$c_2 = x_1 - u_1 - u_2,$$

$$a_1 = 2u_1(x_1 - u_1 - u_2),$$

$$a_2 = -2(u_2^2 + u_3^2),$$

$$a_3 = -u_3(u_2^2 + u_3^2).$$

由表示命题条件的代数式 (1)、(2)、(3) 可以推出

$$f_1 = 0, \quad f_2 = 0, \quad f_3 = 0;$$

通过除法运算我们得到 $R = 0$, 因此从 (10) 式可得

$$c_1 c_2 g_1 = a_1 \cdot 0 + a_2 \cdot 0 + a_3 \cdot 0 + 0,$$

即

$$c_1 c_2 g_1 = 0.$$

这样我们知道当且仅当 $c_1 \neq 0$, $c_2 \neq 0$ 时, 表示命题结论的代数式 (4) 成立: $g_1 = 0$.

这里 $c_1 \neq 0$, $c_2 \neq 0$ 称为附加条件. 上述步骤 2 被称之为逐次除法. 对于所讨论的命题, 借助于步骤 2 的逐次除法可以导出 R 等于零. 于是我们可以断言: 在一定的附加条件下, 表示命题结论的代数式 (4) 可以由表示命题条件的代数式 (1)、(2)、(3) 推出.

条件 $c_1 \neq 0$ 相当于 $u_3 \neq 0$, 其几何意义是: DC 与 AB 不共线 (图 14). 条件 $c_2 \neq 0$ 相当于 $x_1 - u_1 - u_2 \neq 0$. 因为由 $f_1 = 0$ 可得 $x_1 = u_2 - u_1$, 这样 $c_2 \neq 0$ 相当于 $u_1 \neq 0$, 其几何意义是: 点 B 与点 A 不重合 (图 14). 对一般的平行四边形而言, 附加条件 $c_1 \neq 0$ 和 $c_2 \neq 0$ 恒成立, 因此所论命题的结论 (4) 获证 (结论 (5) 的证明过程类同, 从略).

虽然对有些问题机器证明的方法似乎反而比通常的做法更繁, 但是因为机器证明的方法利用一定的步骤, 可以通过一定的程序让机器来运行, 此外,

对于较为复杂的问题通常的做法很难进行甚至无法进行，而机器证法则不管问题是简单的还是复杂的，都能同样按照一定的步骤进行，所以机器证明所用的方法可以解决通常的做法不易解决或无法解决的难题.

从上面的例子可以看到，机器证明的思路是：先把几何问题化为代数问题，列出表示命题的题设部分和终结部分的只含整式的等式. 这一步可由人工进行，一般不很烦难(也可编成程序，由机器进行). 然后进行三角化和逐次相除，这两步可以由机器按一定的程序进行. 虽然我们用人工进行这两步觉得较繁，但是机器进行却是不怕繁的，即使余式多达几十项、几百项，它都不怕. 如果最后得到的余式恒等于零，那就说明在某些附加条件下，从命题的题设部分可以推出终结部分，也就是说，在某些附加条件下，命题已经得到证明.

又一个例子

吴方法也可以用以自动发现新的定理和事实. 下面举一个简单的例子来说明 (参考文献 [7]).

已知一正五边形 $ABCDE$（如图 15)，试推知其边长与连接两不相邻顶点的线段长之间所满足的关系式.

解 现在的目标是推导出线段 CD 和 BE 的长度之间的关系. 因此，选取如下的坐标系. 如图 15，以正五边形 $ABCDE$ 的外接圆圆心 O 为原点，

与 CD 平行的直线为横轴，建立坐标系.

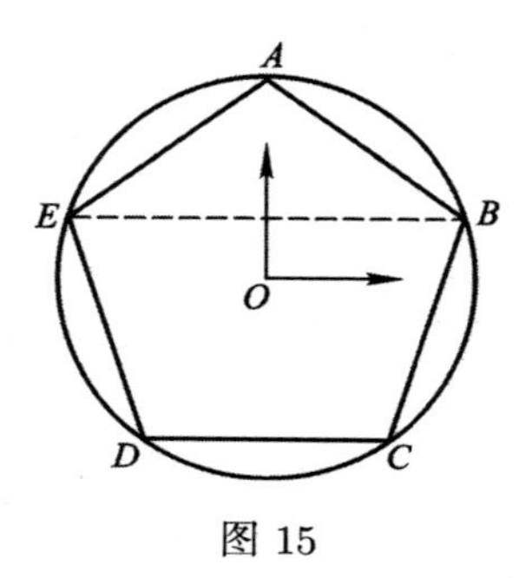

图 15

设各点坐标分别为

$$O(0,0), A(0,x_5), B(x_1,x_3), C(x_2,x_4),$$
$$D(-x_2,x_4), E(-x_1,x_3).$$

根据这样设定的坐标，线段 CD 的长度为 $2x_2$，而线段 BE 的长度为 $2x_1$. 故我们只需求出 x_1，x_2 所满足的关系式即可.

由题意可列出坐标之间的如下关系式：

$$HS=\begin{cases} h_1=x_1^2+x_3^2-x_5^2=0\ (\text{由 } |BO|=|AO|), \\ h_2=x_2^2+x_4^2-x_5^2=0\ (\text{由 } |CO|=|AO|), \\ h_3=x_1^2+(x_3-x_5)^2-(x_2-x_1)^2 \\ \qquad -(x_3-x_4)^2=0\ (\text{由 } |AB|=|BC|), \\ h_4=x_1^2+(x_3-x_5)^2-4x_2^2 \\ \quad =0\ (\text{由 } |AB|=|CD|). \end{cases}$$

设定变元顺序为

$$x_1\prec x_2\prec x_3\prec x_4\prec x_5,$$

利用吴消元法求得多项式组 $HS = \{h_1, h_2, h_3, h_4\}$ 的特征列如下：

$$CS = \begin{cases} c_1 = x_2^2 + x_1x_2 - x_1^2, \\ c_2 = x_2x_3^2 - 3x_1^2x_2 + 2x_1^3 - 2x_1x_3^2, \\ c_3 = x_2x_3x_4 - 2x_1x_3x_4 - x_1^3 + x_1^2x_2, \\ c_4 = x_2x_3x_5 - 2x_1x_3x_5 + 4x_1^2x_2 - 2x_1^3. \end{cases}$$

第一个式子 $c_1 = x_2^2 + x_1x_2 - x_1^2$ 即给出了 x_1，x_2 所满足的关系式，此即所求.

理论基础

上述简单的例子当然不足以展示吴方法的丰富内涵，但可以使我们多少领略吴方法的要义.

吴方法首先是将几何问题化为代数方程问题，这一点与笛卡儿的方案是一致的. 然而，这一方案的具体实施，有赖于能否将多元方程组化为一元方程. 如前所述，笛卡儿《几何学》对此未置一词将问题留给了后人. 在欧洲，对多元高次代数方程求解较系统的讨论直到 18 世纪末才出现在 E. 别朱（1730—1783）等人的著作中，但一般多元方程组的消元求解始终是一个难题. 中国宋元时代的数学家朱世杰等发展了一套卓有成效的多元方程组的消元方法——“四元术”，为现代消元理论提供了有益的启示，然而如何将其推广为适用于更多元情形的普遍方法，这是一个在继承传统基础上创新的过程，需要现代数学特别是代数几何的工具.

代数几何是近代数学中十分活跃的前沿领域. n 元代数方程组的一组解可以看作是其左端多项式组的一个零点，而多项式组的零点集正是代数几何研究的重要课题. 不过当前流行的代数几何研究方法大都是存在性的，吴方法采用经改造的构造性理论，解决了将杂乱无章的代数关系式整理成序这一关键问题，即提出了所谓“三角化整序法”. 以下是吴文俊构造性代数几何理论的核心定理与结果：

多项式组的零点结构定理 (吴–Ritt)

多项式组的零点分解定理 (吴–Ritt)

多项式组的整序原理 (基本定理)

它们是几何定理机器证明吴方法乃至一般机械化数学的重要理论基础 (参考文献 [4]、[6]、[7]).

转折与应用[①]

几何定理机器证明的实践使人们越来越深切地认识到：许多问题最后都归结为解方程，而定理机器证明可看成是解方程的特殊应用. 这导致了 20 世纪 80 年代数学机械化理论探索的一个重要转折点，即由单纯的几何定理证明到更一般的方程机器求解，从而使数学机械化走上了更宽广的道路，并获得了极广泛的应用. 数学机械化的方法正在渗透到力学、天文学、物理学、化学、计算机科学等领域，同时被应用于机器人、连杆设计、控制技术、计算机辅助设计等高技术部门. 吴方法还被用于多项

① 本节内容征得作者同意，取自文献 [6].

式因式分解，发现微分系统新的极限环，求解微分方程的行波解与孤立子解，理论物理，几何造型中的曲面形式转换问题，一阶逻辑公式的证明，计算机视觉等方面. 我们将介绍其若干应用.

（1）*曲面连接问题*. 在几何设计中，有一大类问题可以一般地描述为

给出 $\mathbf{R}^3$ 中的不可约代数曲线 $C_i, C_j, C_k, i \in I, j \in J, k \in K$，其中 I，J，K 都为有限指标集，以及两组不可约代数曲面 $S_j, S_k, j \in J, k \in K$，分别包含曲线 C_j 与 C_k，确定一给定次数 m 的代数曲面 F，使得

① F 通过所有的 C_i, C_j, C_k；

② F 沿曲线 C_j 与 C_k 分别与曲面 S_j，S_k 光滑相切；

③ F 沿 C_k 对 S_k 有相同的曲率.

这类问题可以用吴方法解决. 图 16 是一个连接三根管道的例子.

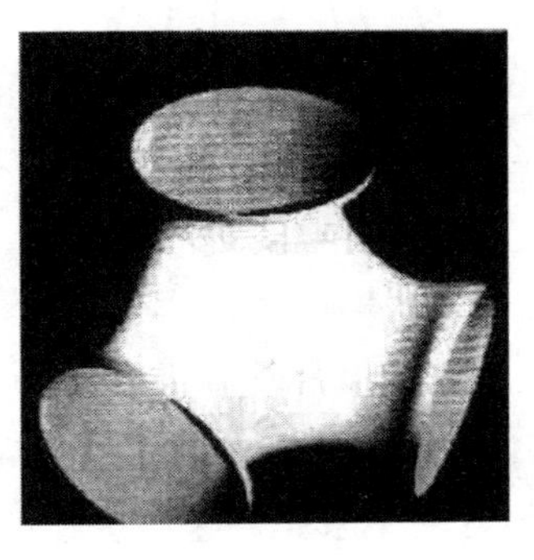

图 16

(2) 机器人与连杆机构的运动分析. 运动分析有两类. 已知连杆机构的构成, 求该机构上某一点的轨迹及该点的位置与连杆机构的关系. 这类问题被称为机械设计中的正解问题. 反过来, 求解连杆机构的参数使得连杆机构上的一点恰好位于空间指定位置的问题, 被称为机械设计中的逆解问题. 这两类问题都可以看做是方程求解问题. 吴方法用特征集方法解决了一般 PUMA 型机器人的逆解问题, 还研究了四连杆的设计问题. 下面是一个还未彻底解决的求正解的问题.

例 Stewart 平台. 如图 17 所示, 带网格的平台是空间中的一个活动平台, 下面的平台是固定平台, 六根连杆的长度可变. 求这六根连杆的长度变化时平台上一点的轨迹.

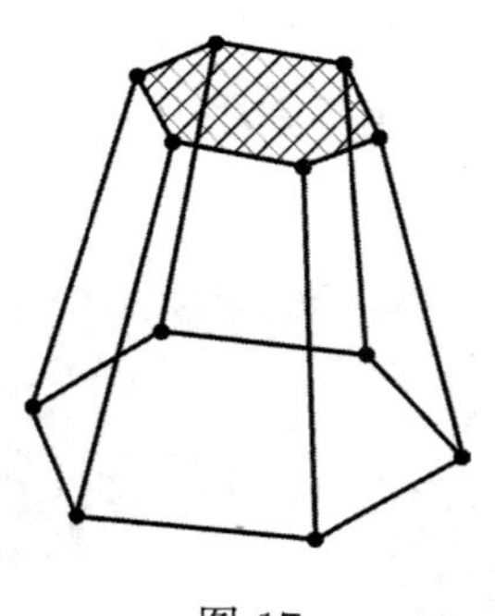

图 17

这是一个非常困难的正解问题, 现在还没有被完全解决. 最好的结果是: 这一轨迹是一个次数为 40 的多项式所确定的空间图形. Stewart 平台的研究具有很强的应用背景. 最近研制的基于 Stewart 平台的数控机床被称为是 21 世纪的机床.

(3) 星体的中心构型的确定. 设 n 个星体的质量为 $m_1, m_2, \cdots, m_n$. 在牛顿引力作用下, 这些运动的星体在某时刻的空间位置记为 $r_1, r_2, \cdots, r_n$. 这些星体的质量和位置 $[m_1, \cdots, m_n; r_1, \cdots, r_n]$ 被称为这些星体在相应位置的一个构型. 星体的构型被称为中心构型, 如果存在这些星体的一组初速度, 使得它们在运动中与初始状态保持相似. 关于中心构型, 有下面的猜想:

Wintner 猜想　对于任意质量, 只有有限个中心构型.

设 $q_3(n)$, $q_2(n)$, $q_1(n)$ 分别为 n 个给定质量的星体在空间、平面、直线上的中心构型的个数. 则有

$$q_1(3) = 3 \quad \text{(Euler, 1767)};$$

$$q_2(3) = q_3(3) = 4 \quad \text{(Lagrange 1772)};$$

$$q_1(n) = \frac{1}{2}n! \ \text{(Moulton, 1910)}.$$

吴文俊在一篇论文中证明, 中心构型的决定可以化为代数方程的求解问题, 并用这一方法证明了: ① $n = 3$ 时所有可能的中心构型即由 Euler 和 Lagrange 给出的答案. ② 在不可压缩无粘性无穷大的流体中, 若其受力非零且满足若干条件, 则所有可能的中心构型即 Euler 线性型和 Lagrange 等边型.

（4）杨–Baxter方程与量子群. 杨–Baxter 方程首先是由杨振宁先生在 1967 年建立的，它反映了物理量之间的交换关系.

杨–Baxter 方程（以下简记为 YBE）是复数域上的一组代数方程. 因此，从理论上讲，应用吴消元法可求出方程的全部解. 但是，在一般 n 维情形下这组方程极为复杂，就是在二维情形下，这组方程也要由 64 个三次多项式方程组成，包括 16 个未知数. 应用吴消元法，采用人机对话的方式，运用多种技巧，可成功地求出二维 YBE 的全部解.

相应于 YBE 的解，可得到量子群. 然而在获得 YBE 的解之后，如何具体计算对应的量子群并非易事. 应用代数簇的母点的概念，可给出依据 YBE 的解直接计算相应量子群的机械化方法.

（5）微分系统稳定性判定与极限环的个数. 我们知道，多项式微分系统

$$\frac{\mathrm{d}x}{\mathrm{d}t}=y+P_2(x,y)+P_3(x,y)+\cdots+P_n(x,y),$$

$$\frac{\mathrm{d}y}{\mathrm{d}t}=-x+Q_2(x,y)+Q_3(x,y)+\cdots+Q_n(x,y)$$

极限环个数问题，即希尔伯特（Hilbert）第 16 问题，是微分方程定性理论研究中的重要问题. 这一问题通行的研究方法是构造微分系统的李雅普诺夫（Liapunov）函数、计算相应的判定量而获得结论. 这一研究过程涉及大量繁杂多项式的推导及简约.

17 世纪以来，人类经历了一场史无前例的技术革命，出现了各种类型的机器，以代替各种形式的体力劳动，使人类进入了体力劳动机械化的时代. 20 世纪电子计算机的出现，则又将人类带进了逐步实现脑力劳动机械化的新时代.

在人类的脑力劳动中，数学具有特殊的和典型的地位. 马克思曾指出:“一种科学只有在成功地应用数学时，才算达到了真正完善的地步”，这说明数学是其他科学的基础. 数学化，正成为现代科学技术发展日益明显的趋势. 因此，数学机械化对于整个脑力劳动的机械化来说也具有特殊的甚至是关键的意义.

众所周知，数学的脑力劳动有两种主要的形式，即数值计算和定理证明. 几千年来，加减乘除、开方等计算已经是机械刻板地进行，这使得从算盘到机械式计算机乃至电子计算机等计算工具有可能制造出来. 另一方面，定理证明则长期处于非机械化的状态，也就是说是需要智巧奇思的脑力劳动. 因此，使这种形式的脑力劳动机械化，即数学思维的机械化或简称数学机械化，又成为数学脑力劳动的重要课题.

所谓数学思维的机械化，通俗而言就是要求在数学运算或证明的过程中，每前进一步之后，都有一个确定的、必须选择的下一步，这样沿着一条统一有效、刻板规格的道路，一直达到结论（在数学上，这种统一有效、刻板规格的机械化程序也叫“算法”）. 我们已经看到，通过从古到今特别是 20 世纪电子计算机发明以来数学家们不屈不挠的努力，数学机械化已取得难能可贵的成果. 正如邵逸夫数学奖委员会在吴文俊获奖工作评价中指出的那样：一些纯粹数学家“转向了由于计算机的出现而开启的新的领域与机遇”，他们的工作“揭示了数学的广度”．尽管脑力劳动机械化的道路仍然漫长崎岖，但重要的是：笛卡儿之梦的真理火炬又重新被高高擎起!

参考文献

[1] 九章算术．算经十书（微波榭本）．清乾隆三十八年（1773）．

[2] 朱世杰．四元玉鉴．西安：陕西科学技术出版社，1998．

[3] 希尔伯特．几何基础．江泽涵，朱鼎勋，译．北京：科学出版社，1981．

[4] 吴文俊．数学机械化．北京：科学出版社，2003．

[5] 吴文俊，吕学礼．分角线相等的三角形（初等几何机器证明问题）．北京：人民教育出版社，1985．

[6] 高小山．吴文俊对机械化数学的贡献// 林东岱，李文林，虞言林主编．数学与数学机械化．济南：山东教育出版社，2001：16–48．

[7] 石赫．机械化数学引论．长沙：湖南教育出版社，1998．

[8] René Descartes. *Regulae ad Directionem Ingenii*, in C. Adam & P. Tannery (eds.), *Oeuvres de Descartes*, vol. X, Paris, 1974; English translation in E. S. Haldane & G. R. T. Ross (eds.), *The philosophical works of Descartes*, vol. I, Cambridge, 1973.

[9] C. I. Gerhardt (ed.). *Die philosophischen Schriften von G. W. Leibniz*, vol. I, Hildesheim, 1962 .